Die
Strohstoff-Fabrikation
Handbuch für Studium und Praxis

von

Paul Ernst Altmann
Papierfabrikations-Ingenieur

Mit sieben Abbildungen

BERLIN W
VERLAG VON M. KRAYN
1914

Rosenthal & Co., Berlin NW., Alt Moabit 105

Inhalt.

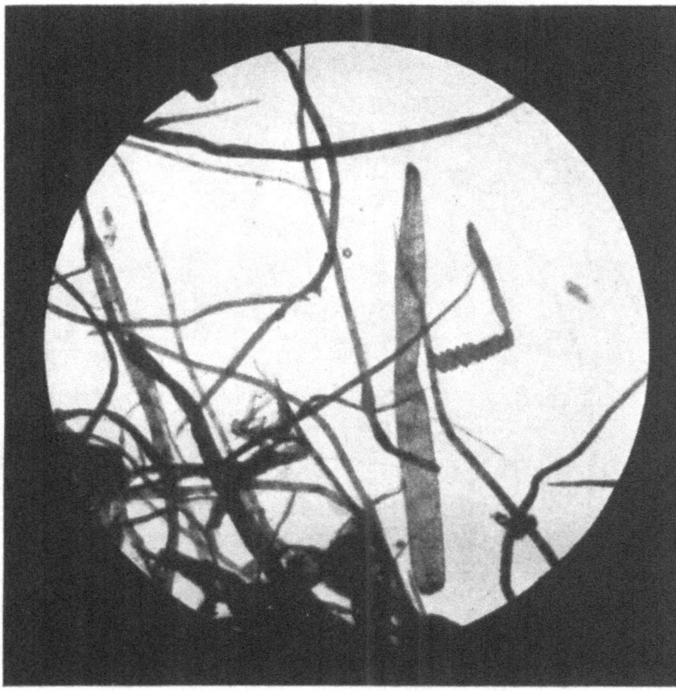

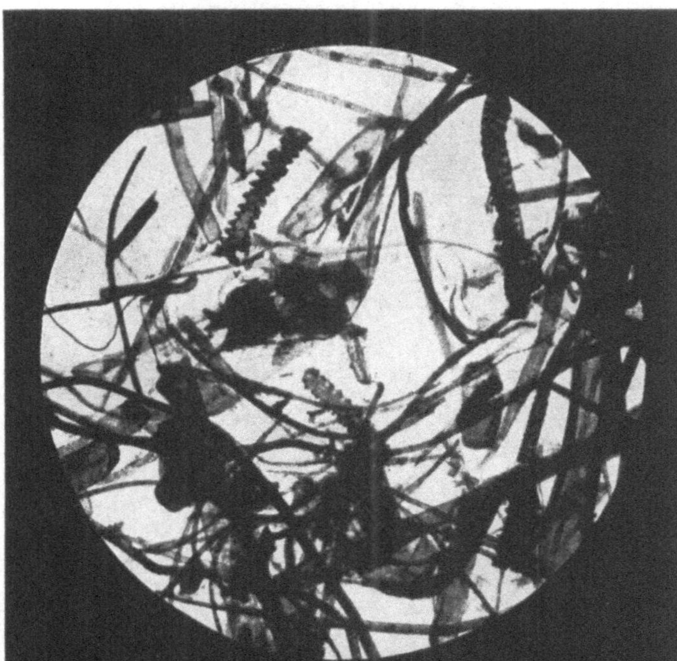

Altmann, Strohstoff-Fabrikation
Verlag: M. Krayn, Berlin W. 57

Abb. 5 u. 6.

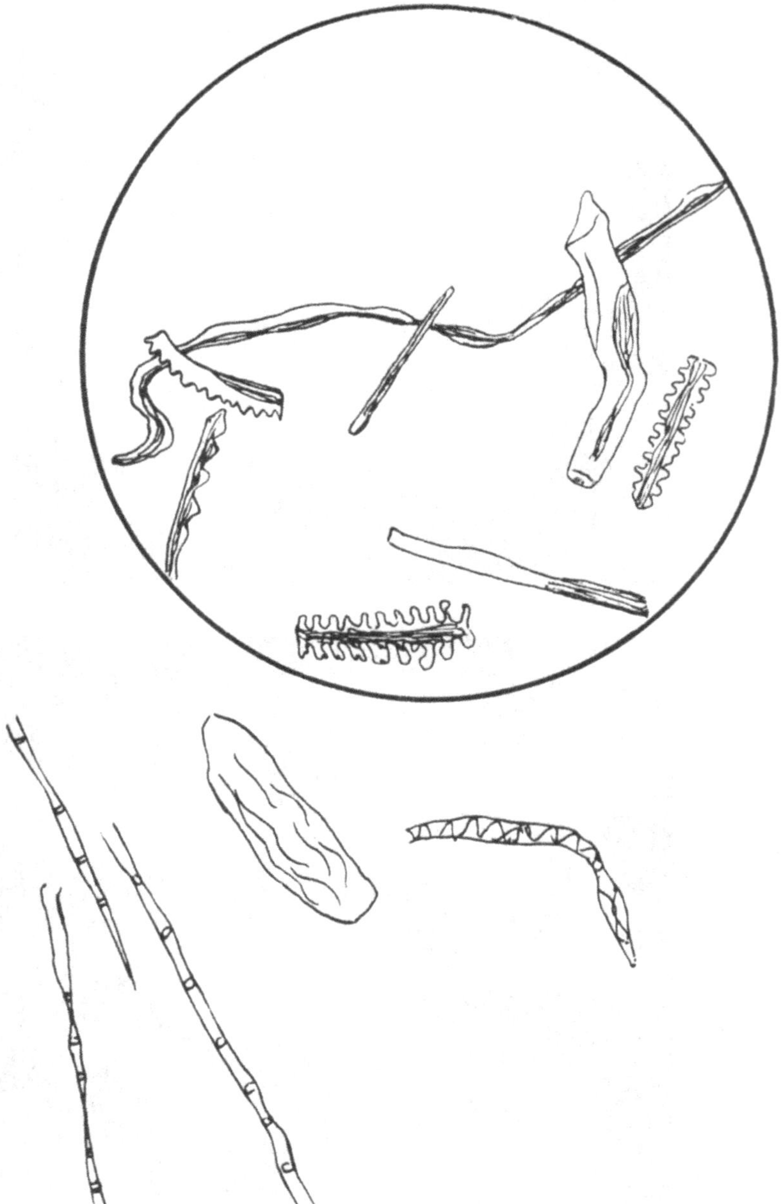

Vorwort des Verfassers.

Mit vorliegendem Buche habe ich versucht, alle Neuerungen auf dem Gebiete der Strohstoff-Fabrikation niederzuschreiben resp. zusammenzufassen. Ich wollte damit kein historisches Werk schreiben, keine Gelehrtenarbeit mit Aufzählung und Beschreibung aller früheren veralteten Verfahrungsarten, sondern dies Buch soll ein praktisches sein, aus der Praxis, für die Praxis.

Deshalb sind auch außer Mellier — dem Begründer der Strohstoff-Fabrikation — alle anderen früheren Verfahren, wie die von Thode, Römer, Thiry, Keen, Cresson u. a. weggelassen.

Trotzdem hoffe ich, auch mit diesem kleinen Werke einem vorliegenden Bedürfnis abzuhelfen, da es bisher in der Literatur fehlte.

Heidenau, Herbst 1913. Der Verfasser.

A. Allgemeine Besprechung der Strohstoff-Fabrikation.

Die Fabrikation von Strohstoff hat sich allmählig aus der von gewöhnlichem gelben Strohpapier entwickelt. Schon 1756 soll infolge Mangels von Lumpen, Strohpapier in Deutschland fabriziert worden sein. Man weichte das Stroh, ohne es allzu sehr von seinen Unreinheiten zu befreien, soweit auf, daß es sich bequem kollern ließ u. z. wurde es dazu in hölzernen oder gemauerten Bottichen mit Kalkmilch begossen, einige Stunden unter Dampf gekocht, und, nach Beseitigung der Kalklauge mit frischem, heißem Wasser nachgewaschen. Das so vorbereitete Stroh wurde in kleinen Holländern gemahlen, auf Cylindermaschinen zu Papier verarbeitet.

Jede Ausgabe, das Stroh von seinen Inkrusten zu befreien, ist dabei vermieden, ja man betrachtet den Holländer weniger als Werkzeug des Mahlens, als den des Mischens; später wandte man kostspieligere Verfahren an, man kochte das Stroh mit Aetznatron in rotierenden Kochern und verarbeitete es auf einer Langsiebmaschine.

Mit Rücksicht auf ihren Gehalt an Zellstoff seien folgende Untersuchungsergebnisse von Stroh mitgeteilt:

	Binse	Eichenlaub	Pappellaub	Bohnenstroh	Erbsenstroh	Gerstenstroh	Haferstroh	Linsenstroh	Maisstroh	**Rapsstroh**	Roggenstroh	Weizenstroh
Durch Wasser ausziehbare Teile . .	70,9	25	28	10,6	46,6	11,3	20,6	27,4	17	15	2,8	7,6
Durch Kalilauge ausziehbare Teile . .	16,4	57	48	38	23	38	31,6	34,1	57	30	49	40
Wachs u. Harz . .	0,5	3	3	0,7	1,5	0,7	0,7	1,3	1,7	0,5	0,5	0,5
Faser	11,2	21	21	49,6	28,6	49,6	47	37,1	24,3	55	48	51,5

Solche Daten sind natürlich sehr variabel, jedenfalls aber deuten sie an, welche Verfahren sich nicht zur Strohstoff-Fabrikation eignen, also Laub und Blätter, außerdem Maisstroh mit seinem geringen Zellstoffgehalt von 24 %.

Beachtenswert sind die gegebenen Daten für Raps, doch ist dieser nicht in genügenden Mengen zu beschaffen. Nur Hafer, Roggen und Weizenstroh, vielleicht noch Gerstenstroh ist für den Großverarbeitungsbetrieb reichlich vorhanden. Alle diese Stroharten werden auf gleiche Weise behandelt.

Vorbildlich, auch für alle späteren und neuesten Verfahren, Strohstoffe herzustellen, ist das Mellier'sche Verfahren geworden.

Obwohl schon im Jahre 1800 weißes Papier aus Stroh hergestellt wurde, war dieses Verfahren doch mit in den Bereich der Versuche und Experimente zu verweisen, und so kompliziert und zeitraubend, daß man darüber keine Klarheit hatte.

Erst 1854 erschien Charles Mellier in Paris mit seinem neuen Verfahren, welches 1855 in England, 1857 in den Vereinigten Staaten patentiert wurde. Mellier war für alle Verfahren, wie gesagt, so bahnbrechend, daß hier die Beschreibung seines amerikanischen Patentes in der Uebersetzung folgen möge:

„Stroh und andere Faserstoffe werden gehäckselt, in warmem Wasser erweicht, gewaschen und in Drehkessel gefüllt, der mit Dampfrohren versehen ist, also indirekte Kochung mit 4—5 Atmosphären Druck = 172 ° Celsius.

Die verwendete Menge von Aetznatron oder Aetzkali beträgt 16 % vom Stroh.

Der rotierende Kessel mache 1—2 Umdrehungen in der Minute und erreiche den vorgeschriebenen Dampfdruck in 3 Stunden; nach beendeter Kochung lasse man den Dampf heraus, und lasse kaltes Wasser durch die Röhren laufen, wodurch der Kessel sich abkühlt und gleichzeitig warmes Waschwasser gewonnen wird.

Sobald kein Druck mehr vorhanden, lasse man das gekochte Stroh durch das Mannloch entleeren, und wasche erst mit heißem, dann mit kaltem Wasser; darauf tauche man die reine Faser etwa eine Stunde lang in heißes Wasser, das mit Schwefelsäure angesäuert ist, etwa 2 % vom Strohquantum; hierauf bleiche man auf gewöhnliche Art, wozu eine verhältnismäßig kleine Menge Chlorkalk nötig ist.“ —

Das Einkaufen von Stroh erfordert Erfahrung und genaue Kenntnis der Gegend seines Wachstums. In Gegenden der Vereinigten Staaten und Rußland ist die Getreideernte so groß, daß sie nicht unter Dach gebracht werden kann, und deshalb auch schlechter und eiliger ausgedroschen wird. Daher die mancherlei Verunreinigungen und der große Körnerausfall, der sich beim Reinigen des geschnittenen Strohes hinter den Häckselmaschinen ergibt! Wo Land und Boden aber teurer, da sind die Güter auch mit Scheuern und Schuppen versehen, worin das Getreide aufbewahrt und im Winter gedroschen wird. Solches Stroh ist reiner und sauberer, hat eine glänzende Farbe und für den Strohstoffabrikanten einen höheren Wert.

Liegt Stroh aber längere Zeit auf dem Felde und allen Unbilden der Herbstwitterung ausgesetzt, so fault es und wird schwarz; solche schwarzgewordenen Strohteile widerstehen aller Bleiche. Es sollte daher stets und ständig unter Dach aufbewahrt werden, am besten in großen, luftigen Wellblechhäusern, die leicht zugänglich sind; mindestens aber soll man vorrätiges Stroh auf einer Unterlage von Balken lagern, die wieder auf leeren Harz- oder Farbtonnen, etwa 1 m über dem Erdboden, gebettet sind.

Die Hülsen der Getreidekörner, Spreu oder Blätter liefern nur sehr wenig Zellulose und machen den Aufwand von Reinigung und Chemikalien nicht bezahlt. Getreidekörner sollten alle aus der zu kochenden Masse entfernt sein, verwandeln sie sich doch im Kocher unter der Hitze in Dextrin und teilweise in Zucker. Solche ergeben dann im Strohstoff schwarze Flecke, die aussehen, als rührten sie von Oel her. Deshalb macht sich eine kleine Dreschmaschine, hinter der Sortierung, in doppelter Hinsicht bezahlt, da man soviel Körner erhält, um einige Pferde und Hühner umsonst zu füttern. Ich empfehle hier die Stroh- und Schilf-Schneidemaschine mit Häcksel-Reinigung- und Sortier-Anlagen von Ernst Grumbach & Sohn in Freiberg i. Sachsen, welche 1 % Körnergewinnung vom Strohgewicht garantieren und bei einer vom Verfasser dieses Buches errichteten und geleiteten Neuanlage auch erfüllten (s. Abb. 1).

Bei Einkauf des Strohs achte man auch auf seine Feuchtigkeit, ob es lange im Regen gelegen oder künstlich bewässert ist.

Am besten ist wohl Roggenstroh, denn neben seiner großen Ergiebigkeit an Zellstoff ist es mit weniger Unkraut und Blättern behaftet als Weizen- oder Haferstroh. Russisches Roggenstroh ergab in der Fabrik nach vielfachen Kalkulationen einen Gewinn von 48—49 % gebleichtem Strohstoff.

Der Transport des Strohes ist weniger durch sein Gewicht, als durch seinen großen Raumbedarf erschwert, da es sperrig ist und sich nur durch starke Drahtpressen zusammendrücken läßt. Deshalb sollten Strohstoff-Fabriken selbst in länderreichen Gegenden liegen, wo sie vom Bauern direkt kaufen und dadurch den Zwischenhandel und die Mehrkosten von gepreßten Strohbündeln in Draht sparen.

Die jüngsten Marktpreise für Stroh waren in diesem Frühjahr für:

festgepreßtes Roggenstroh	1,45 – 1,40	Roggenstroh:
„ Weizenstroh	1,40 – 1,35	Flegeldrusch 2,20 – 2,40
locker gepreßtes Stroh von		do. Breitdrusch 1,50 – 1,80
Weizen und Roggen .	1,25 – 1,20	alles pro **50** kg!

In Rußland kosten 100 kg Stroh etwa 1 Mark frei, franco Fabrik!

Abb. 1.

Zum Schneiden des Strohes bedient man sich einer Häckselmaschine (s. Skizze), die nach demselben Prinzip gebaut ist, wie ein Hadernschneider. Am besten wird das Stroh mittelst einer endlos laufenden Kette gefaßt, welche sich vor- und rückwärts bewegen läßt, damit bei Stauungen, die das Stroh infolge seiner Sperrigkeit gern verursacht, sofort die Maschine rückwärts laufen kann. Ueber die Kette läuft das Stroh direkt unter die Messer, die an einer rotierenden festen und ausbalanzierten Scheibe in 3—4 facher Art angeschraubt sind. Die so 2—3 cm lang geschnittenen Stücke fallen in eine unterhalb der Schneidemaschine angelegte Vertiefung, von wo sie mittelst Elevator auf die Putzmaschine fallen. Die Becher für den Elevator sind am besten aus Kupfer und werden mittelst starker Schrauben an dem Riemen befestigt; ein solcher muß möglichst breit, stark und nicht aus Hanf, besser aus Gummi sein. Vielerlei Reparaturen, die an einem solchen Elevatortransport vorkommen, bedingten eine doppelte Ausführung dieser Beförderung an beiden Seiten der Häckselmaschine, wenn man es nicht vorzog, das geschnittene Stroh statt des Elevators lieber mittelst eines Gebläses bis zum Entstaubungs-Apparat zu bringen.

Der Entstäuber besteht im wesentlichen aus einem mittelst Excenter in der Längsrichtung hin- und herschwingenden Sieb, etwa No. 50, welches allen Staub, Unkraut und sonstige Unreinheiten in eine unterhalb des Siebes gelegene Staubkammer fallen läßt. Bedingung hierbei ist, daß das Stroh recht trocken ist, sonst läßt es sich nicht entstauben. Das geschnittene Stroh rutscht allmählich infolge der etwas geneigten Anordnung nach vorn, wo es durch den Luftzug eines schnellaufenden Ventilators sortiert wird. Alle leichteren und gereinigten Strohteile werden nämlich in die Höhe auf den Kocherfüllboden geblasen, während alle schweren Teile, wie Knoten, Unkrautstengel, Körner und Steine, auch Drahtteile infolge ihres Eigengewichtes in einen Behälter fallen, in dem eine Transportschnecke läuft; diese befördert alles in die Sortiermaschine. Die Sortiermaschine ist eine kleine Drehmaschine, wie sie jeder kleine Bauer hat. Ihre schwingende Bewegung bringt sämtliche Körner nach hinten, wo sie gesammelt werden und durch eine Holzrinne in einen verschließbaren Kasten fallen. Das kostenlose Pferdefutter! Vorn sammeln sich alle Steine, Erde und Drahtstücke. Der Raum, in welchem sich die Reinigungs- und Sortiermaschinen befinden, muß sehr hoch, luftig und mit Ventilator versehen sein, da der enorme Staub die Arbeiter belästigt und den Lungen schädlich ist. —

Die zum Kochen des Strohs nötige Lauge wird aus Soda und Kalk bereitet.

Soda oder kohlensaures Natron löst, unterstützt durch die Hitze, beim Kochen die Harze und alle inkrustierenden Bestandteile der Pflanzen, wodurch sie sich längsweise voneinander trennen, als auch ihre Geschmeidigkeit und Biegsamkeit erlangen.

Betreffs Untersuchung von Soda weise ich auf mein Buch: Prüfung der Papierrohstoffe, Seite 12, hin. —

Zur täglichen Erzeugung von ca. 10 000 kg trockenem Strohstoff bedarf es einer Menge folgender Chemikalien pro Monat:

30 000 kg Solvay Soda (d. h. nur für die erste Zeit, bis die Soda-Wiedergewinnungs-Anlage richtig arbeitet).

30 000 kg Chlorkalk.

60 000 kg gebrannten Kalk.
30 000 kg Sulfat Na_2SO_4 (pulverförmig 97—98 %)
oder:
45 000 kg Bisulfat $NaHSO_4$.
3 000 kg Schwefelsäure.

Zur Gewinnung von 100 kg gebleichten Strohstoffes aus 200 kg Strohhäcksel brauchte man früher 50—55 kg Aetznatron; dieses teure Verfahren ersetzte man später durch calcinierte oder Ammoniak Soda Na_2Co_3 und Wiedergewinnung der Soda; mit Zusatz von Aetzkalk.

Man nimmt z. B.:

270 kg Soda }
210 „ Kalk } diese ergeben ca. 2400 l Aetznatronlauge von 8° Bé.

Mit diesen 2400 l Lauge werden 1300 kg Stroh 5 Stunden lang mit 5 Atmosphären gekocht, dazu kommen 60 kg Na_2S

Zur Untersuchung von Aetznatron oder kaustischer Soda werden 20 gr in 1000 ccm Wasser gelöst, davon 100 ccm in Phenophtalein gefärbt und mit $^1/_{10}$ Normal HCl titriert bis zur Entfärbung. Der Titer, mal 2 ergibt die Prozente an Natriumhydroxyd.

Aus dem NaOH-Gehalt findet man den Na_2CO_3-Gehalt dadurch, daß man weiß, die Molekulargewichte $2\,NaOH : Na_2CO_3$ verhalten sich wie:

$$80 : 106.$$

Also:

$$80 : 106 = 86{,}8 : x$$

$$x = \frac{86{,}8 \cdot 106}{80} = 115 \text{ deutsche Grade.}$$

Die jetzige Darstellung von Aetznatronlaugen ist also die vermittelst kohlensaurem Natron (Soda) und Aetzkalk

$$Na_2Co_3 + CaO + H_2O = 2(NaOH) + CaCO_3.$$

Verhältniszahlen sind nach Schacht etwa:

100 kg 89 grädige Soda: 61,4 gebr. Kalk.

Auf 100 kg Strohstoff rechnet man:

40—60 kg 89 ° dige Soda.
25—40 kg Aetzkalk.

In einer modernen Strohstoff-Fabrik standen zur Bereitung der Kochlauge 4 große eiserne Bottiche zur Verfügung; diese sind mit Rührwerk, ausrückbar, versehen, ferner mit Dampfleitung und haben ein Schwenkrohr, welches beim Umlegen geöffnet ist, so daß die fertige Lauge in die Vorratsbehälter nach den Kochern abfließt.

In je einen dieser „Mixer“ von ca. 14 cbm Inhalt kommen 950 kg Soda und 1000 kg Kalk. Bei Wiedergewinnung von Lauge und deren Wiederverwendung wird natürlich Kalk abgezogen.

Nachdem die Lauge ordentlich gekocht, wird sie durch ein Sandfilter filtriert, welches oben grobe Steine, ev. auch Stahlspähne, unten feineren Kies enthält.

Die Lauge muß möglichst heiß zum Kochen des Strohs verwendet werden!

Zur Herstellung von 10 000 kg Strohstoff genügen 12 Kochungen, wozu ca. 40 cbm Lauge erforderlich sind, bei 12 ° Bé Stärke.

Es sind 2 große und 2 kleine Kocher vorhanden; der große Kocher faßt 1800 kg Stroh, der kleine 1100 kg.

Man presse das Stroh aber nicht gar zu fest; kleinere Füllungen bewirken eine stärkere Kochung und dementsprechend besseren Stoff.

Zur Prüfung der Frischlaugen auf Na_2S, NaOH und Na_2CO_3 verfahre man, wie folgt:

1. Na_2S:

100 ccm Lauge zum Sieden gebracht, Ammoniak zugefügt und aus einem Bürette mit $^1/_{10}$ cm-Teilung titriert, bis kein neuer schwarzer Niederschlag von Ag_2S mehr entsteht.

$$1 \text{ ccm Silberlösung} \doteq 0{,}001 \text{ gr } \mathbf{Na_2S}.$$
$$AgNO_3 + Na_2S = AgS + Na_2NO_3.$$
$$1 \text{ gr } Na_2S = 1{,}028 \text{ gr NaOH}$$
$$= 1{,}359 \text{ gr } Na_2CO_3.$$

Die Feinsilber-Lösung wird dargestellt, indem man 13,354 gr Feinsilber in reiner Salpetersäure löst, mit 250 ccm Ammoniakflüssigkeit versetzt und auf 1 l verdünnt. —

2. Prüfung auf NaOH:

40 ccm Lösung in einem 100 ccm-Kolben zum Kochen erhitzt, mit Ueberschuß von Chlorbaryum versetzt (10 cm einer 10 %igen Lösung); kochendes Wasser bis zur Marke aufgefüllt, geschüttelt und verkorkt. Niederschlag absetzen lassen. Von der o b e r e n, klaren Lösung 50 ccm abnehmen, mit Metylorange versetzen und mit $^1/_{10}$ Normal-HCl titrieren. Jedes ccm davon zeigt 0,04 gr NaOH an.

$$1 \text{ gr NaOH} = 1{,}325 \text{ gr } Na_2CO_3.$$

3. Prüfung auf Na_2CO_3.

20 ccm Lauge mit Metylorange färben, mit Normal-HCl titrieren, wenn die Lauge kalt ist.

Die gefundenen ccm Normal-HCl mit 0,053 multipliziert, ergeben direkte Prozente an Na_2CO_3

Zur einfachen und fabrikmäßig sicheren Prüfung der Laugen brauche ich zunächst eine

Normal-Säure.

Mit Hilfe dieser und einer angefertigten Tabelle kann ich jeden Kocher mit der ihm zukommenden Lauge fast automatisch und mechanisch füllen!

Zur Herstellung der „Normal-Säure" nehme ich englische Schwefelsäure von 66 ° Bé und verdünne sie mit reinstem destilliertem Wasser solange, bis die Flüssigkeit 4,5—5 ° Bé zeigt. — Sodann nehme ich 10 ccm einer Normal-Natronlauge (40 gr NaOH in 1 l Wasser); verdünne sie mit ca. 25 ccm Wasser und färbe sie mit Phenolphtalein-Lösung rot.

Titriere ich nun mit meiner „Normal-Lösung" in diese rot gefärbte Lauge, so muß genau bei Titre 10 die rote Farbe verschwinden; geht die rote Farbe eher fort, so ist die Normalsäure noch zu stark und muß mit Wasser verdünnt werden; geht sie erst unter Titre 10, so muß mehr Schwefelsäure, aber nur tropfenweise zugegeben werden. Die Herstellung einer solchen Normalsäure ist daher sehr zeitraubend und vor allem peinlichst genau auszuführen.

Von dieser Normal-Säure behalte ich mir aber ein für allemal eine bestimmte Menge als „Normal-Normal-Säure" zurück, und bewahre sie auf.

Brauche ich dann für die Fabrikation wieder Normal-Säure, so nehme ich 10 ccm einer gerade fertig gekochten Lauge von den Mixen, färbe sie mit Phenolphtalein und titriere mit der Normal-Normal-Säure; verbrauche ich z. B. dabei 17,4 ccm zur Entfärbung, so mache ich die neu herzustellende Normal-Lösung ebenso stark, d. h. bis sie bei Titre 17,4 die rote Farbe verliert.

Eine Phenolphtaleïn-Lösung stelle ich her, indem ich 10 gr Phenolphtaleïn in ½ l Brennspiritus löse und aufbewahre. Von dieser Lösung wieder ca 20 ccm genommen und mit destilliertem Wasser verdünnt, bis eine milchige Flüssigkeit entsteht. —

Zur Prüfung der Laugen brauche ich ferner eine Chlorbaryum-Lösung. Dazu nehme ich soviel von den Krystallen des Chlorbaryum-Salzes in reinem Wasser, bis die Flüssigkeit 9 ° Bé zeigt.

1. Zur Prüfung der fertig gekochten Laugen auf NaOH nehme ich davon 10 ccm genau mit einer Pipette, verdünne mit Wasser und färbe mit Phenolphtaleïn, titriere mit Normal-Säure bis zur Entfärbung, z. B. bei Titre: 16,3.

2. Zur Prüfung auf Na_2CO_3 nehme wieder 10 ccm Lauge, füge etwa 10 ccm Chlorbaryum-Lösung hinzu und verdünne in einer mit Aichstrich versehenen Bürette bis 250 ccm. Es entsteht ein milchiger Niederschlag, diesen filtriere ich durch ein Filter bis auf 200 ccm genau; setze wieder Phenolphtaleïn hinzu und titriere bis zur Entfärbung mit Normal-Säure; z. B. 12,2.

3. Zur Prüfung auf NaS nehme ich 1 ccm der wiedergewonnenen Lauge (siehe weiter unten!), verdünne mit reichlich Wasser und mische sie mit 3 ccm Essig; dazu Stärkelösung; titriert mit $^1/_{10}$ Normal-Jodlösung bis zur Bläuung; multipliziert mit 10 ergibt den Gehalt an Na_2S.

Hierzu ein Beispiel:

Es seien folgende Werte der Frischlauge gefunden:

$$\text{Gesamt NaOH} = 16{,}3$$
$$\text{Reines NaOH} = 12{,}2$$
$$Na_2S = 4$$

$$\text{so ist } 12{,}2 \times \frac{5}{4} = 61{,}0 : 4 = 15{,}25 \quad \left(\frac{Na_2S}{2}\right)$$
$$\times - 2{,}00$$
$$\overline{13{,}25}$$

$$\left.\begin{array}{r} 13{,}25 \times 31 \\ 2 \quad \times 78 \\ 1{,}05 \times 106 \\ (16{,}3 - 15{,}25) \end{array}\right\} \begin{array}{l} \text{mg } Na_2O = 410{,}75 \text{ mg } Na_2O \\ \text{mg } Na_2S = 156 \text{ mg } Na_2S \\ \text{mg } Na_2CO_3 = 111{,}3 \text{ mg } Na_2CO_3 \\ \end{array}$$

in 10 ccm Lauge!

In 10 ccm Lauge also:

0,4 gr Na_2O
0,2 gr Na_2S
0,1 gr Na_2CO_3.

1 l Lauge enthält also 40 gr Na_2O
20 gr Na_2S
10 gr Na_2CO_3.

Ich komme nun zu dem schematischen Füllen der Kocher zurück. Angenommen, ich habe zwei verschiedene Kochersysteme,

die großen Kocher enthalten 1830 kg Stroh
die kleinen „ „ 1100 „ „

dann fertige ich mir eine Tabelle an, nach welcher jeder Arbeiter feststellen kann, wieviel Lauge hinsichtlich ihrer jeweiligen Stärke in jeden Kocher zu kommen hat.

Das Bassin, worin sich die fertige Lauge befindet, ist mit einem Schwimmer versehen, der außen mittelst eines beweglichen

Zeigers an einem Zentimeter-Maß anzeigt, wieviel Lauge in den Kocher geflossen ist. 1 cm Lauge entspricht dann 24,5 Liter Lauge.

Im großen Durchschnitt kommen auf einen großen Kocher von 1830 kg Stroh 4 cbm Lauge; auf einen kleinen Kocher von 1100 kg Stroh: 2,3 cbm Lauge.

Laugen-Tabelle.

	1100 cm	1830 cm
10,0	110	183
10,1	109	181
10,2	108	179
10,3	107	177
10,4	106	176
10,5	105	174
10,6	104	173
10,7	103	171
10,8	102	169
10,9	101	168
11,0	100	166
11,1	99	165
11,2	98	163
11,3	97	162
11,4	96	161
11,5	96	159
11,6	95	158
11,7	94	156
11,8	93	155
11,9	93	154
12,0	92	153
12,1	91	151
12,2	90	150

	1100 cm	1800 cm
12,3	89	149
12,4	89	148
12,5	88	146
12,6	87	145
12,7	87	144
12,8	86	143
12,9	85	142
13,0	85	141

Habe ich also z. B. NaOH beim Titrieren die Zahl 12,5 gefunden, so kommen in den großen Kocher 146 cm, in den kleinen 88 cm Lauge! —

Nachdem die erste Lauge aus dem Mixen abgelassen ist, hat sich der kohlensaure Kalk auf dem Boden niedergelassen und muß der Bottich nun wieder mit Wasser gefüllt werden, der Rührer eingeschaltet und Dampf zugelassen werden.

Auf diese Weise werden in manchen Fabriken oft 2 bis 3 Auszüge gemacht und mit frischer Lauge gemischt; auf der Lauge bildet sich beim Stehen ein feines Häutchen von kohlensaurem Natron, und schützt so diese gegen die Aufnahme größerer Mengen von Kohlensäure aus der Luft.

Der letzte Bodensatz des Kalkschlammes wird nun abgelassen, am besten in einen großen Flußlauf; die Verunreinigung der Flüsse mit Kalk hat schon zu vielen Unverträglichkeiten Anlaß gegeben, und man hat daher Versuche angestellt, solchen Schlamm als Düngemittel in der Landwirtschaft zu verwenden, doch bis jetzt ohne Erfolg. Die beste Verwendung dafür dürfte wohl die sein, daß man ihn an der Luft trocknen läßt und wieder zu Aetzkalk brennt.

Die Strohkocher bestehen aus wagerechten, zylindrischen oder runden Drehkesseln, die entweder direkt oder indirekt geheizt werden; schon Mellier verwirft das direkte Einleiten von Dampf. Die Lauge bleibt bei indirekter Kochung stärker und kann so auf die Inkrusten des Strohes besser einwirken, als wenn sie durch Condenswasser geschwächt wird. Jedenfalls sollte jeder Kessel mit einer isolierenden Schicht versehen sein, die man sich ev. selbst herstellen kann, indem man fein geschnittenes Stroh, sogen. Siede mit Kalk zu einem Brei rührt und diesen nach und nach auf die Kocher aufträgt; dadurch wird viel Wärme und Dampf gespart.

Auch wird durch die Drehung des Strohs im Kocher viel davon zermahlen, und dadurch große Verluste beim späteren Waschen herbeigeführt. Deshalb genügt die einmalige Umdrehung des Kochers in der Minute vollständig; der Antrieb durch Schneckenräder ist dem durch Zahnräder vorzuziehen. Einige Fabriken ziehen zum Kochen des Strohs sogar stehende Kessel vor, da damit der schädliche Einfluß der durch Drehung verursachten Reibung vermieden wird.

Das zu einer Füllung festgesetzte Stroh muß jedesmal genau abgewogen werden; deshalb füllt man das Stroh in Säcke oder in Kästen von bekanntem Inhalt, und berechnet so die jeweilige Füllung nach Sack oder Kästen. Mittlerweile fließt die Lauge zu, damit das sperrige Stroh sich durchfeuchtet und setzt. Nach beendeter Füllung ist es gut, den Kocher zu schließen, etwas Dampf draufzulassen, und den Mannlochdeckel nach einmaliger Umdrehung des Strohes wieder zu öffnen; man wird dann noch ein gut Teil frisches Stroh nachpacken können.

Je nach der Qualität des Strohstoffes, der angewandten Zeit und Temperatur braucht man vom Gewicht des gehäckselten Strohes etwa 10—15 % wasserfreies Natron (NaO). Weniger Alkali rächt sich durch späteren Mehrverbrauch von Chlorkalk, um alle Inkrusten zu lösen; zudem leiden durch Mehrverbrauch von Chlorkalk die feinen Fasern und ergeben schließlich ein hartes, brüchiges Papier.

Die Kochzeit ist sehr verschieden, fast jede Fabrik hat da ihre eigenen Verfahren. Eine große englische Fabrik kocht in senkrechten zylindrischen Drehkesseln 3 Stunden lang bei einem Ueberdruck von 4 Atmosphären, eine russische Fabrik kochte 4 Stunden, bei einem Druck von 6 Atmosphären und 7 % Kalkzusatz.

Sobald der Kocher fertig ist, wird der Dampf abgelassen, ins Freie oder besser in den Fuchs des Schornsteins, da sehr unangenehme Gerüche entstehen; sodann läßt man etwa 30—40 cm hoch warmes Waschwasser in den Kocher; in einer russischen Fabrik sind an jedem Kocher große schmiedeeiserne Rohrleitungen fest angebracht, die mit dem unteren Mannloch des Kochers durch ein Kniestück schnell verschraubt werden können. Inmitten des Knierohres ist ein Ventil. Die Rohrleitung mündet direkt an große eiserne versteifte Kasten, unten mit einem durchlöcherten starken Bronzesieb versehen, die sogen. Waschkasten.

Läßt man nun auf das Waschwasser etwas Dampf, etwa ¼ Atmosphäre, und öffnet das Ventil, sofort „spuckt" der Kocherinhalt über und ist sofort der Kocher geleert und zur nächsten Füllung bereit.

Bei den hohen Dampfspannungen bis zu 6 Atmosphären ist die Anwendung guter Sicherheitsventile und Manometer nur ratsam, auch muß der Raum, in welchem gekocht wird, luftig und hell sein, damit sich der Kocherwärter jederzeit von dem Stande des Dampfdrucks durch einen Blick überzeugen kann.

Will man den Strohstoff rasch, ohne Unterstützung prüfen, ob die Kochung gelungen, so fasse man davon möglichst viel in die hohle Hand und drücke ihn nach allen Seiten aus; dabei muß sich der Stoff durchaus weich anfühlen und nicht mehr stechen.*)

*) Anmerkung des Verfassers: Von dieser Stelle meines Buches an befasse ich mich nur noch mit der Beschreibung einer neuen hochmodernen Anlage, da ich die Aufzählung und Gegenüberstellung alter Einrichtungen und veralteter, unmodern gewordener Verfahren mit diesen für überflüssig halte!

Jedes der großen Waschbassins zum Auslaugen des Stoffes ist mit einer Rohrleitung und 3 Hähnen versehen.

Auf diese Weise werden 3 Arten von Waschlaugen gewonnen; zunächst fließt die 1. Waschlauge ab, die noch etwa 6 ° Bé enthält, sie wird in einen großen Behälter geführt, zur Eindampfung resp. Wiedergewinnung der Kochlauge (Soda). Ueber diesem Behälter befindet sich ein drehendes Sieb, eine Art Stoffänger, der etwa mitgerissene Stoffteilchen zurückhält; die zweite Ablauge wird in einem Bassin zum Waschen und Ueberblasen der Kocher aufbewahrt; die dritte Ablauge, die nur noch dadurch entsteht, daß der Stoff mittels eines kräftigen Wasserstrahles, am besten mit warmem Wasser, weiter ausgespritzt wird, fließt durch den Kanal ins Freie ab. —

Nach dem Waschen hebt eine kräftige Pumpe den Stoff auf den Sandfang. Der Sandfang besteht aus mindestens 6 ineinander gewundenen Abteilungen; die Wände sind 20 bis 25 cm hoch und in Abschnitten von je 20 cm mit je einem beweglichen Stück Blech abgeschlossen, über welches der Stoff passiert, steigt und fällt und so Zeit genug hat, alle Unreinheiten, wie Sand, Erde, Steine, Äste, Korkstückchen, Unkraut abzusetzen. Der ganze Sandfang muß in allen seinen Teilen umkippbar sein, und erfordert eine ununterbrochene Reinigung einzelner Abteilungen, um einen tadellos reinen Strohstoff zu erhalten; nachdem so der Stoff den Sandfang passiert, wird er in kleinen Holländern oder Raffineuren gemahlen. Aus den Holländern fällt der Stoff in ein Vorratsbassin und wird aus diesem in die aus Beton hergestellten Bleichholländer gehoben. Ob übrigens eine Trockenreinigung des Stoffes nicht der schwierigen und viel Stoffverluste bringenden Naßreinigung vorzuziehen ist, ist eine für den Praktiker noch zu lösende Frage.

Wählt man Holländer zum Mahlen des Stoffes, so versehe man diese nur mit einer Gußplatte statt des Grundwerkes, da letzteres die feinen Faserbündel zu sehr angreift.

Ein Bleichholländer kann ca. 12 000 kg trocken gedachten Strohstoff fassen, und ist mit einem Stofftreiber versehen.

Man rechnet auf 100 kg Stroh 8—15 kg trockenen Chlorkalk; stelle ich mir eine genügend starke Chlorkalklösung von 7 ° Bé her, so enthält 1 Liter Lösung 31 g wirksames Chlor (89 g bei 35 proz. Chlorgehalt).

Die Bleichung geht nach der Formel: $CaCl_2 + H_2O = 2\,HCl + \mathbf{O}$, vor sich, so daß aktiver Sauerstoff in Wirkung tritt.

Die Wirkung der Bleichmasse wird durch Erwärmen des Stoffes mittels Dampfes bis zu etwa 35 ° C. erhöht.

Das Chlor wird in üblicher Weise in einer Chlormühle gemahlen, und sofort in Wasser gelöst. Zum Aufbewahren des abgesetzten und gereinigten Chlorwassers dient ein Bassin von 2 cbm Inhalt aus Beton. Eine an diesem angebrachte Skala mit Schwimmer zeigt an, wieviel Liter Chlor in den Bleichholländer geflossen sind. Da die Skala 120 cm anzeigt, und der Inhalt 2000 Liter beträgt, so bedeutet 1 cm = 16,6 Liter.

Bei 7 gradiger Chlorlauge genügen ca. 1800 Liter Lauge auf einen Bleichholländer mit 10 000 kg trocken gedachtem Eintrag.

Wird der Stoff bei der Bleiche ohne Säure erwärmt, so tritt zunächst eine kräftige Oxydation ein. Die Faser ändert ihre Farbe schnell, die im Wasser vorrätige Kohlensäure wird verbraucht, das ausgeschiedene Chlor zersetzt sofort Wasser, da die erhöhte Affinität des Farbstoffes begierig den Sauerstoff aufzieht. Wird die Erwärmung über 30 ° C. hinausgeführt, so entsteht aus dem noch vorhandenen Chlorkalk ein neuer Körper, nämlich chlorsaurer Kalk. Die ununterbrochen fortwirkende Kohlensäure veranlaßt indirekt eine Zerlegung dieses Körpers durch die während des Bleichens entstandene Salzsäure unter Bildung von Chlorkalzium und Wasser, während die Chlorsäure frei wird, und in die Bleichflüssigkeit tritt. Sie besitzt eine große oxydierende Kraft. Unter dem Einfluß dieser Zersetzungen entfärbt sich die Faser nun immer schneller und nimmt bald ein reines Weiß an. Die Konstruktion des oxydierten Farbstoffes ist jedoch in der Wärme sehr schwach, und es tritt das Bestreben ein, diesen Sauerstoff wieder abzugeben, so daß, wenn die Erwärmung noch weiter geführt wird, eine Desoxydation unausbleiblich ist, wobei der Stoff zuerst gelb, dann grau wird. Die Desoxydation tritt jedoch nicht ein, wenn noch Chlorkalk resp. Chlorsäure zugegen ist, welche den abgehenden Sauerstoff sofort ersetzen können.

Doch nicht allein eine höhere Wärme ist nötig, um dies zu erreichen, sondern auch in erkaltetem Zustande scheidet der Farbstoff Sauerstoff aus; auch hier ist deswegen die Gegenwart von Chlorkalk nötig, wenn der Stoff seine Weiße längere Zeit behalten soll. Bietet man der gelb gewordenen Faser Gelegenheit, wieder Sauerstoff aufzunehmen, indem man sie wieder mit Chlorkalk behandelt, so bekommt sie die frühere Weiße wieder; und leichter als bei der ersten Bleiche.“ (Nach C. F. Dahlheim.)

Hieraus ergibt sich, daß man beim Erwärmen des Strohstoffes sehr vorsichtig sein muß. Sobald eine Reduzierung des Sauerstoffes zu befürchten ist, so riecht der Stoff ganz anders wie Chlorkalk und man muß ihn sofort abkühlen, indem man ihn mit kaltem Wasser wäscht oder auspreßt.

Beim Auswaschen jedoch geht ein beträchtlicher Teil der feinen Fasern verloren, weshalb man den Stoff entweder im Holländer direkt durch ein sehr feinmaschiges Sieb entwässert oder besser den Stoff in große Bleichkeller abläßt, wo er durch Filtersteine absickern und nachbleichen kann.

Jedenfalls sollte die Bleichflüssigkeit, nachdem der Stoff die gewünschte Weiße erhalten hat, so bald wie möglich entfernt werden, umsomehr, wenn sie infolge der Anwendung von Schwefelsäure viel Chlorwasserstoffsäure enthält; sonst geht der Strohstoff in der Weiße wieder zurück.

Die Menge des erforderlichen Chlorkalkes wurde deshalb in so weiten Grenzen angegeben, weil es möglich ist, auch einen mit schwacher Lauge, also schlecht von den Inkrusten befreiten Stoff mit Hilfe von vermehrter oder von stärkerer Chlorkalkzugabe weiß zu bleichen, sicherlich geschieht dies aber auf Kosten der Faser, die dann leicht brüchig wird und kein festes Papier liefern kann.

Die moderne Bleiche von Farbstoffen geht heute auf elektrochemischem Wege vor sich; wobei Chlor und Aetznatron entsteht.

Bei der Elektrolyse von Salzlösung wird das Chlornatrium (NaCl) in Chlor (Cl) und Natrium (Na) zerlegt nach der Gleichung:

$$2\,NaCl = 2\,Na + Cl_2$$

Das am negativen Pol der Kathode entstehende Natrium reagiert mit dem Wasser (H_2O) der Salzlösung unter Bildung von Natriumhydroxyd oder Ätznatron (NaOH), wobei Wasserstoff (H_2) frei wird, nach der Gleichung:

$$Na_2 + 2\,H_2O = 2\,NaOH + H_2.$$

Bei der Elektrolyse entstehen also drei Produkte:

Chlorgas (Cl_2)
Ätznatron-Lösung NaOH, und
Wasserstoffgas H_2.

Bei der bekannten „elektrischen Bleiche" vereinigen sich nun die beiden Zersetzungsprodukte, das am positiven Pol (Anode) gebildete Chlor und das am negativen Pol (Kathode) entstandene Ätznatron gleich in statu nascendi zu Natriumhypochlorid oder unter-chlorigsaurem Natrum NaOCl; nach der Gleichung:

$$Cl_2 + 2\,NaOH = NaCl + H_2O + NaOCl;$$

der nach den Patenten von Herrn Dr. Billiter gebaute Elektrolyseur der Firma Siemens & Halske verhindert nun diese Vereinigung, indem zwischen Anode und Kathode ein Diaphragma eingebaut ist, welches beide Produkte voneinander trennt. Dadurch kann man bei diesem elektrolytischen Apparat einerseits Chlorgas, anderseits Ätznatron in Form von Natronlauge erhalten.

Die Elektrolyse geht in gesättigter, warmer Salzlösung vor sich, so daß die erforderliche Zellenspannung gering ist.

Auch zeichnet sich der Apparat durch große Einfachheit aus. Er besteht aus einer flachen Eisenwanne, deren innere Wände mit einer isolierten Schicht ausgekleidet sind, der eiserne Boden liegt frei. Etwas über diesem Boden ist wagerecht ein Eisendrahtnetz befestigt, welches mit dem eisernen Boden elektrisch leitend verbunden ist und das Diaphragma trägt.

Das Eisendrahtnetz zieht sich durch die ganze Wanne und teilt so das Badinnere in 2 Kammern; die untere ist die Kathodenkammer, in der sich die Ätznatronlauge sammelt, die durch einen Rohrstutzen abfließt. Die obere Kammer ist der Anodenraum, und ist durch einen geeigneten isolierenden Deckel gasdicht abgeschlossen. In ihr bildet sich das Chlorgas. In den Anodenraum ragen die Anodenkörper aus Graphit, welche durch den Deckel eingeführt und so befestigt werden, daß sie horizontal in einem gewissen Abstand über dem Diaphragma hängen.

Am Deckel ist ferner der Abzugsstutzen für das sich im Anodenraum sammelnde Chlorgas und der Rohranschluß für die Zuführung der Salzlösung angebracht.

Die Elektrolyseurzellen werden in verschiedenen Größen für Strombelastungen bis zu 3000 Ampère ausgeführt, die Wirkungsweise des Apparates ist folgende: Wird der Anodenraum des Bades mit gesättigter Salzlösung gefüllt und durch die positive Elektrode und durch das mit dem Eisenboden verbundene Drahtnetz elektrischer Strom geleitet, so entwickelt sich an der Anode Chlor, das emporsteigt und sich in dem oberhalb der Anode befindlichen Raume des Bades sammelt, nur ein geringer Teil Chlor bleibt in der Salzlösung gelöst. —

An der Kathode nun entsteht Natrium, das im Wasser sofort zu Ätznatron umgewandelt wird. Diese beiden Schichten, Chlorgas und Ätznatron sind vollständig voneinander getrennt und werden auch getrennt gewonnen und weiter verarbeitet.

Das Chlor wird als Bleichmittel verwendet, entweder als Gas direkt, in der sogenannten „Gasbleiche"; man stapelt in großen Betonkammern die einzelnen Strohstoffballen, wie sie von der Pappenmaschine kommen, auf, schließt den vorderen Raum dicht mit Balken ab, wie man es in ähnlicher Weise zum Entwässern des Halbzeuges tut und läßt das Gas einwirken. Solches bereitete man auch früher aus Braunstein und Salzsäure; in einer modernen Strohstoffabrik nun läßt man das aus konzentrierter Salzlauge bereitete Chlorgas direkt in die Kammer strömen.

Oder man absorbiert das Gas, indem man es im Gegenstromprinzip einer Kalkmilchlösung aussetzt, wobei Kalziumhypochloritlösung (CaO_2Cl_2) entsteht, nach der Gleichung:

$$2\,Cl_2 + 2\,Ca(OH)_2 = CaCl_2 + Ca(OCl)_2 + 2\,H_2O.$$

Schließlich kann man sich aus Chlorgas und Ätzkalk den Chlorkalk selbst herstellen.

Mit der erzeugten Ätznatronlösung kocht man das Stroh selbst, oder man dampft sie im Kaufmannschen Vakuum-Apparat ein und erhält so das feste Ätznatron.

Um fertige Elektrolytlauge auf ihren Chlorgehalt zu prüfen, nehme ich 10 ccm Lauge, mische sie mit 1/8 Liter Wasser, und titriere soviel Arseniksäure hinzu, bis ein in die Lösung gehaltenes Jodkalium-Stärkepapier nicht mehr blau färbt, bis also alles Chlor ausgeschieden ist. Habe ich dazu z. B. 18 ccm Arseniksäure verbraucht, so enthält 1 Liter Bleichchlorlauge = 18 g flüssiges Chlor.

Für Strohstoffabriken, welche beabsichtigen, eine elektrolytische Chloranlage zu bauen, sind vorher folgende Fragen zu beantworten:

1. Wieviel aktives Chlor in Gramm braucht die Fabrik?
2. Wieviel Kilo Chlor werden in 24 Stunden verbraucht?
3. Wieviel NaOH verbraucht die Fabrik pro 24 Stunden?
4. Was kosten 100 kg Soda — 100 kg Kalk?
5. Welche Konzentration besitzt NaOH (gewöhnlich 10 bis 11 ° Bé, 40 bis 45 g NaOH in 1 Liter Lauge)?
6. Wie stark ist die Chlorlösung (bei 7 ° Bé enthält 1 Liter Chlorwasser 24 g aktives Chlor)?

Wir kommen nun zu dem wichtigsten Kapitel in der ganzen Strohstoffabrikation, der Wiedergewinnung der Soda. Denn bei den heutigen teuren Rohmaterialienpreisen und der scharfen Konkurrenz auf dem ganzen Markte wird eine Strohstoffabrik ohne eine rationell arbeitende Wiedergewinnungsanlage sich nimmer rentieren oder verzinsen.

Zwecks Wiedergewinnung der Soda aus der Ablauge muß diese zunächst eingedickt werden, um ihren Wassergehalt zu verlieren. Es kann dies auf verschiedene Weise geschehen. In Schweden läßt man die Lauge in große Behälter fließen, in welchen ein Rührwerk läuft.

Die eisernen Schaufeln oder Arme dieses Rührwerks werden durch eine Heizvorrichtung fortwährend glühend erhalten und tauchen so in die zu verdampfende Ablauge, die so allmählich ihres Wassergehaltes beraubt wird.

Oder man bedient sich einer größeren Anlage, der sogenannten „Verdampfstation". In dieser befinden sich 4 große zylindrisch stehende Kocher, in denen innen in einem stehenden Röhrensystem von Kupferrohren die Lauge zirkuliert, und so fortlaufend vom 1. bis 4. Körper am Ende eine Konsistenz von 32 ° Bé erreicht.

Ein solcher Verdampfkörper hat ca. 73 Quadratmeter Heizfläche, jeder Quadratmeter davon verdampft 15—20 kg Wasser pro Stunde.

Der vierte Körper soll möglichst mit einer nassen Luftpumpe verbunden sein, um in diesem ein Vakuum zu erzielen, da im luftleeren Raum eine hohe Temperatur bekanntlich schneller zu erzielen ist. Man lasse so wenig wie möglich Ablauge in die Körper, um diese am Überlaufen zu verhindern, deshalb beobachte man durch die Schaugläser im 3. und 4. Körper, ob die Lauge nicht über die Rohre steht, welche etwa bis zur halben Höhe des Körpers in diesen eingewalzt sind, wie bei einem Walzenröhrenkessel. Für den I. und II. Corpus sind Wasserstandsgläser angebracht, die den Stand der Lauge nur eben zeigen sollen, und gut zirkulieren, d. h. auf- und niederwallen.

Die Körper kochen gut, wenn reichlich Kondenswasser vom nächsten Körper abfließt, deren Abfluß auch stets zu beachten ist. Kochen die Körper zu wenig, so muß die Temperatur erhöht oder Lauge zugesetzt werden. Kochen sie aber zuviel, so liegt die Gefahr des Überschäumens vor, dagegen hilft nur sofortige Entziehung der Lauge und Überspeisen in den nächstliegenden Kocher.

Die Bedienung einer solchen Verdampfstation in ununterbrochenem Betriebe erfordert viel Aufmerksamkeit von seiten der Arbeiter, etwa 2—3 Mann pro Schicht.

Die Bedienung erstreckt sich auf folgende Verrichtungen:

1. Dampfventilregulieren,
2. Speisen abwechselnd in den I. und II. Körper,
3. Überziehen von Laube vom

I. zum II. }
II. zum III. } Korpus
III. zum IV. }
IV. in den Dicklaugenbehälter.

4. Kontrolle der Beaumé-Grade! indem man zeitweise aus dem unteren Probierhahn eine Probe zieht, und eine Aräometer Spindel hineinsenkt. Die Grade sollen anzeigen:

im	I. Körper:	18—20°	Beaumé
im	II. „	22—25°	
im	III. „	25—28°	
im	IV. „	30—32°	

Ist die Lauge auf 32—35° eingedickt, so gelangt sie in das Ofenhaus.

Der Sodaofen ist ca. 50 m lang, aus feuersicheren Steinen gemauert und genau ausgefugt. Er besteht aus einzelnen Kammern, vor deren jeder sich vorn eine Tür befindet zum Beschicken der Masse mit $NaH\ SO_4$ und zum schüren. Der Ofen muß reichlich mit Dicklauge beschickt werden, soviel wie möglich, dadurch wird er auch heißer und gibt natürlich mehr Soda. Alle 12 Stunden muß die erste Wanne des Ofens ganz leer gemacht werden, alle Masse herausgekrukt werden; die zweite Wanne, wenn sie dick ist, auch alle 24 Stunden vielleicht; dann wird Sulfat darauf gebreitet, und diese halb weiche, halb trockene Masse in den Schmelzofen gebracht. Immer aber sind die sich bildenden Krusten und Schalen von den Arbeitern abzuheben, bis alles dick und schwer ist, dann wird der ganze Ofen ausgehoben, mit Sulfat bestreut und in den Schmelzofen gefahren.

Im Glühofen geht dann unter dem Zusatz von Na_2SO_4 oder $NaHSO_4$ die Umwandlung in Soda vor sich. Zwecks schneller und richtiger Umsetzung der Soda befindet sich im Glühofen ein elektrisch angetriebenes Gebläse, das vermittelst eines dünnen Rohres mit Platinspitze Luft in den Glühofen bläst, sodaß in diesem die nötige Weißglut entsteht. Der Glühofen sowie auch die ersten Kammern, in welche die schwarze Lauge fließt, sind vorteilhaft mit finnischem Speckstein ausgemauert. Ein solcher Stein läßt sich sägen und verhindert das Ankleben und Anbrennen der pechartigen Lauge mit den Ofenwänden. Für die Ablauge von 12—13 Kochern Stroh pro Tag, also 10 000 kg Strohstoff sollten 30 000 kg Sulfat im Monat genügen, oder 60 000 kg Bisulfat. Die Sulfatmenge steigt und fällt am besten je nach dem Quantum Dicklauge von 32 ° Bé, das man verarbeitet. 30 000 kg Sulfat passen etwa zu 500 cbm Dicklauge zu 32 ° Bé, pro cbm 60 kg oder 100—120 kg Bisulfat, wobei natürlich auch die Qualität des letzteren mitspricht.

Die chemischen Vorgänge bei der Wiedergewinnung von Soda unter Sulfatzusatz sind folgende:

$$Na_2CO_3 + CaO = Na_2O + CaCO_3$$
$$Na_2O + H_2O = NaOH + NaOH$$

Natron-Verfahren:

$$2NaOH + 2NaHSO_4 + 2C = Na_2CO_3 + 2NaOH + H_2S + CO_2$$
$$= Na_2CO_3 + Na_2S + 2H_2O + CO_2.$$

Sulfat-Verfahren:

$$NaHSO_4 + 2C = Na_2S + 2CO_2$$
$$Na_2S + H_2O = NaSH + \mathbf{NaO}.$$

Ist der Ofen noch neu, etwa ½ Jahr erst in Betrieb, so löst sich die Soda schlechter, da sie Stein und Mörtel auflöst; sie bildet so eine Art Feldspaht, und schmilzt schon zähflüßig, anstatt daß sie wie reine Soda, wie Wasser aus dem Ofen fließt.

Die Sodalösung muß regelmäßig mit einem Wasserstrahl abgespritzt werden, das bischen Wasser macht nichts. Es bildet sich viel Schlamm auf dem Rost und dieser kann nur auf zwei Arten beseitigt werden, von oben abspritzen oder die ganze Masse umschaufeln.

Bei nicht genügender Umsetzung entsteht beim Glühen der Soda Schwefelwasserstoff, der durch seinen Geruch sehr lästig wird.

$$Na_2SO_4 + CaO + 2C = Na_2S + CaCO_3 + CO_2$$
$$Na_2S + H_2O = \mathbf{H_2S} + NaO.$$

Die Auslauflöcher am Glühofen, am besten 2, sind mit einem Tonpfropfen verschlossen. Man öffnet eines der Löcher, und die glühende Soda läuft wie ein Lawastrom heraus in ein unterhalb des Glühofens befindliches mit Speckeisen ausgebettetes Bassin. Ist eine 4—8 cm dicke Schicht ausgelaufen, so schließe man den Auslauf wieder, hebe die erhärtete Soda ab und tue diese in das Bassin zur Auflösung derselben. Dieses Bassin ist mit einem langsam laufenden Rührwerk versehen, und hat in ⅔ seiner Höhe einen über das ganze Bassin laufenden Rost, sodaß die schwarzen Sodaschlacken zur Auflösung auf dem Rost liegen. Man löse soviel Soda wie möglich im Bassin, und wenn das Wasser 17—18° Bé. zeigt, pumpe man es wieder in die Mixen zurück, wo diese Lauge mit Kalk kaustiziert, und wieder Frischlauge für die Kocherei ergibt.

Das Bassin zum Auflösen der schwarzen Soda muß alle 8 Tage leergepumpt und vom Schlamm gereinigt werden, der sich reichlich bildet.

Verschiedene Untersuchungen für die schwarze Soda.

I. Auf „unlösliche Stoffe.“ (Kohlenbeimengungen).

50 gr Schmelze werden gepulvert und in 480 ccm Wasser gelöst; die Mischung wird geschüttelt und zwei Stunden stehen gelassen; hiernach wird das trübe Gemisch filtriert und gewaschen, der Filter getrocknet und gewogen, und im Platintiegel geglüht. Der Rest ergibt prozentual umgerechnet die unlöslichen Stoffe.

II. Prüfung auf Na_2CO_3.

20 ccm der Lösung werden mit Metylorange gefärbt, und in kaltem Zustande mit einer Normalsalzsäure titiert bis zur Entfärbung. Die verbrauchten ccm Normalsalzsäure $\times$ 0,053 ergeben den Prozentgehalt an Na_2CO_3.

Davon sind jedoch, streng genommen, die unter 3, 4 und 5 (siehe unten) stehenden Werte von Aetznatron, kieselsaurem Natron und Schwefelnatrium abzuziehen.

III. Prüfung auf Ätznatron: (NaOH.)

Sind Filtrat und Waschwasser der unter 1 gemachten Untersuchung noch vorhanden, so verdünne ich diese 480 ccm auf 1 Liter; sonst nehme man neue 50 gr Schmelze und löse sie in 1 Liter dest. Wasser.

40 ccm davon werden in einem 100 ccm Kolben zum Kochen erhitzt, mit Überschuß von Chlorbaryum versetzt (10 ccm 10 proz. Lösung) und kochendes Wasser bis zur Marke 100 aufgegossen; die Mischung wird geschüttelt und verkorkt. Den Niederschlag läßt man absetzen.

Von der oberen klaren Lösung nehme 50 ccm ab, färbe sie mit Metylorange und titiere mit $^1/_{10}$ Normal HCl. Jedes verbrauchte Cubikzentimeter zeigt 0,04 g NaOH in 1 g Schmelze an.

1 g NaOH = 1,325 g Na_2CO_3.

IV. Prüfung auf kieselsaures Natron: SiO_2.

Viel davon gibt im Schmelzofen keine Soda! —

20 ccm Lösung mit HCl. versetzen, in der Wärme stehen lassen, bis kein Gas mehr entweicht, auf Porzellanschale im Wasserbade eindampfen; im Luftbade 10—20 Minuten auf 150° C. erhitzen, mit HCl durchfeuchten, und mit kochendem Wasser aufnehmen. Das ungelöste Bleibende ist Kieselsäure, dieses auf einem Filter sammeln, im Platintiegel verbrennen, glühen und als SiO_2 wägen. Das Filtrat nicht weggießen! — wird später noch gebraucht! —

1 g SiO_2 = 2,033 g Na_2SiO_3 (schweflig saures Natron.)

1 g SiO_2 = 1,767 g Na_2CO_3.

V. Untersuchung auf Schwefelnatrium. (Na_2S.)

5 g Schmelze in 100 ccm Wasser zum Sieden bringen, Ammoniak hinzu, das ganze mit einer Silberlösung titrieren aus einer $^1/_{10}$ ccm Bürette, bis kein neuer schwarzer Niederschlag von Ag_2S mehr entsteht, nach der Gleichung: $AgNO_3 + Na_2S = AgS + Na_2NO_3$.

Jeder verbrauchte Kubikzentimeter Silberlösung entspricht 0,001 g Na_2S.

$$1 \text{ gr } Na_2S = 1{,}028 \text{ gr } NaOH$$
$$= 1{,}359 \text{ gr } Na_2CO_3.$$

6. Untersuchung auf schwefligsaures Natron. (Na_2SiO_3.)

5 g Schmelze in 100 ccm Wasser lösen, mit Essigsäure versetzen, Stärkelösung hinzu, und $^1/_{10}$ Normal-Jodlösung titrieren bis zur Bläuung.

1 ccm Jodlösung = 0,00126 g schweflig saures Natron.

(Hiervon ist der unter 5 für Gehalt an Schwefelnatrium gefundene Wert noch abzuziehen!)

VII. Untersuchung auf schwefelsaures Natron: (Na_2SO_4.)

Das bei Untersuchung 4 aufgehobene Filtrat wird mit HCl. angesäuert, gekocht und mit Chlorbaryum versetzt. Die Flüssigkeit wird filtriert und mit heißem Wasser ausgewaschen; der feuchte Filter im Platintiegel verbrannt und geglüht, als $BaSO_4$ bestimmt.

1 g $BaSO_2$ = 0,0094 Na_2SO_4.

Beispiel für die einzeln durchgeführten Untersuchungen von schwarzer Soda:

I. Unlösliches: 3,95 %.
0,13 % Kohle.

II. Na_2CO_3 = 44,35 %.

III. Ätznatron = 6,0 %.
NaOH.

IV. Kieselsaures Natron: = 6,0 %.
Na_2SiO_3.

V. Schwefelnatrium: = 30,25 %.
Na_2S.

VI. Schwefligsaures-Natron: = 8,05 %.
Na_2SiO_3.

VII. Schwefelsaures-Natron : = 1,35 %.
Na_2SO_4.

Die mehrfachen Verdampfer, wie beschrieben, sind infolge ihrer großen Raumbeanspruchung und schwierigen Bedienung in Schweden, dem Lande der Kraftstoffabrikation, nicht in Aufnahme gekommen, sondern man benutzt dort die Carlsons-Einfach-Verdampfer. Skizzen Nr. 2 und 3 zeigen solche Verdampfer.

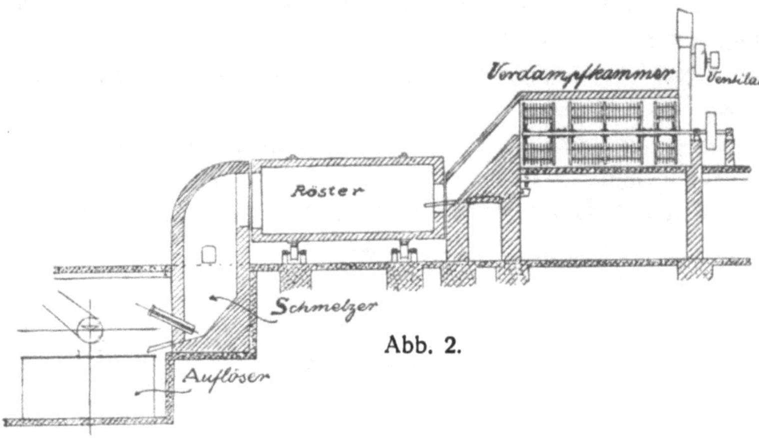

Abb. 2.

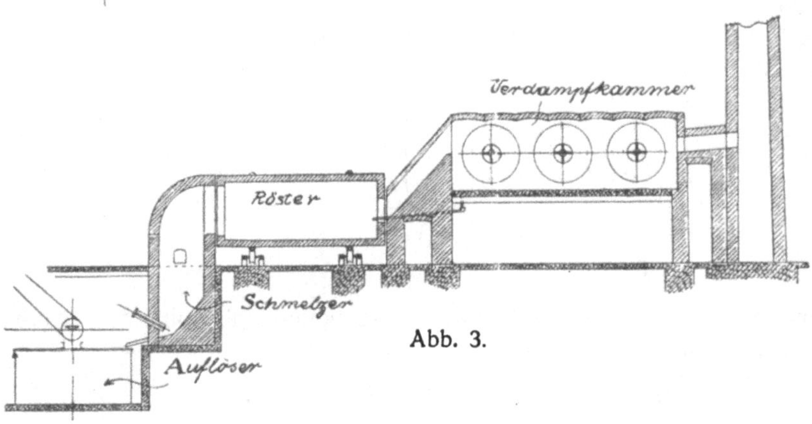

Abb. 3.

Bild 2 zeigt einen Carlsonschen Verdampfer, der in Bild 3 so abgeändert ist, daß die rotierenden Platten in der Verdampfkammer quer gestellt sind, während sie bei 2 längs liegen.

Diese beiden Verdampfer aber sind sehr gut, erfordern wenig Reparaturen und vor allem wenig Kohlen (!); denn die Wärme kommt vom Schmelzer durch die Röster zur Verdampfkammer. Verdampfstation, Glüh- und Schmelzofen sind hier also miteinander verbunden! —

Die Verdampfkammer ist bei Carlsons mit einem länglichen Zylinder aus Eisenplatten versehen, welcher in die Schwarzlauge taucht und sie in großen Flächen der Hitze aussetzt. Carlsons Verdampfer braucht stets einen Ventilator, um den nötigen Zug hervorzubringen. Der Verdampfer in Abbildung 3 ist mit quergestellten zylindrischen Eisenplatten versehen, er braucht aber keinen Ventilator. Beide Konstruktionen sind jedenfalls sparsamer als die Mehrfach-Verdampfer. Bei Einführung der Schwarzlauge mit 12° Bé und Erhitzung auf 85—95 ° C. bis zum Eintritt in die Verdampfkammer arbeiten diese Verdampfer ohne anderen Brennstoff als die Schwarzschlacke.

15—18 % Glaubersalz Zusatz genügen, um den Verlust an Alkali zu decken. Man mischt diesen Zusatz mit dem vom Röster kommenden Schwarzstein und trägt das Gemisch in den Schmelzer

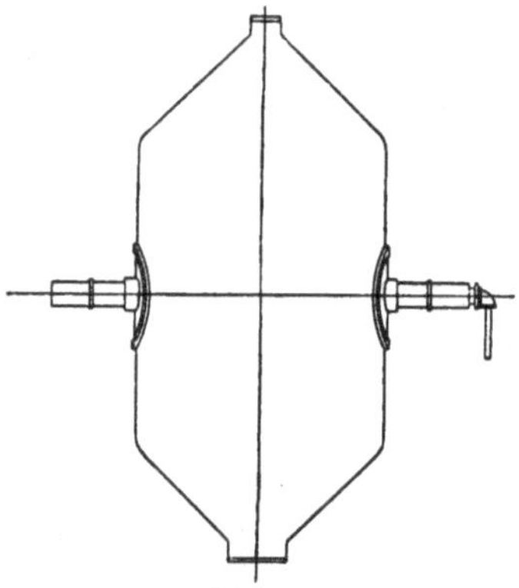

Abb. 4.

ein. Hier reduziert die im Schwarzstein befindliche Kohle das Glaubersalz zu Schwefelnatrium:

$$Na_2SO_4 + 2\ C = Na_2\ S + 2\ CO_2.$$

Das aus dem Schmelzer kommende und in das Wasser des Auflösers fallende geschmolzene Alkali enthält Soda, Schwefelnatrium und wenig Glaubersalz. Das Schwefelnatrium in der Lösung zerfällt in Ätznatron und Natriumsulfhydrat:

$$Na_2\ S + H_2\ O = Na\ SH + NaOH.$$

Man erspart infolgedessen gegenüber dem Natronverfahren viel Kalk, da die Flüssigkeit, die man aus dem Auflösen wieder in die Mixen pumpt, schon Ätznatron enthält. Nach der Kaustizierung besteht die zum Strohkochen fertige neue Lauge aus Ätznatron, Natriumsulfhydrat, Glaubersalz und etwas Soda.

Auch bedient man sich in Schweden meist der in Skizze 4 dargestellten senkrechten Drehkocher.

Der Ganzstoff von Stroh ist kurzfaserig und läßt sich, wie alle Stoffe, auf der Entwässerungsmaschine gut arbeiten. Im Papier selbst macht sich Strohstoff dadurch beim Verarbeiten bemerkbar, daß er gern an der obersten Preßwalze hängen bleibt, und zwar zeigt das Papier dies umsomehr, als der Stoff schlecht gekocht ist. Man vermeidet das Ankleben in der Papiermaschine durch Befeuchten der oberen Preßwalzen mit Petroleum; in der Entwässerungsmaschine selbst bedient man sich am besten hölzerner Preßwalzen.

Obwohl trockenes Papier, mit viel Strohstoff gearbeitet, sehr hart und steif erscheint, ist es im nassen Zustande, auf der Maschine weich und schwach, reißt oft ab und erfordert viel Aufmerksamkeit von seiten der Bedienung. Es wirkt auch, wie alle Faserstoffe, welche durch Behandlung roher Pflanzen mit großen Mengen von Chemikalien erhalten werden, zerstörender auf Siebe und Filze als z. B. Hadern- oder Cellulosepapiere.

Der Zellstoffgehalt des Strohstoffes hängt, wie schon einmal gesagt, von seiner Gattung, von Klima, Boden und Ackerbau ab, und ist daher sehr veränderlich. Der Ertrag stellt sich im Durchschnitt auf 33,5 %; er mag höher ausfallen, wenn das Stroh besonders gut und rein ist.

Ist das Stroh schlecht gekocht, so wird sich der Betrag auch erhöhen, der Strohstoff besteht aber dann, obwohl er durch viel Chlor weiß gebleicht sein mag, nicht aus reinem Zellstoff, sondern enthält kieselsaure und andere inkrustierende Bestandteile.

Da die Strohfaser kurz und schwach, aber steif und glatt ist, ist sie wohl geeignet, dem Papiere die der Baumwolle fehlende Steifheit zu geben, aber ungeeignet für Papiere, die sich durch große Festigkeit auszeichnen sollen.

Zweifellos ist Stroh aber einer unserer wichtigsten Ersatzstoffe, da es z. B. Esparto und Holz gegenüber den Vorteil hat, daß es jedes Jahr neu wächst und so niemals fehlen wird; dabei, eine mittelmäßige Ernte vorausgesetzt, stets in großen Mengen zu haben ist und niemals solche horrende Preise fordern wird wie das immer teurer werdende Holz.